FORSCHUNGSBERICHTE DES LANDES NORDRHEIN-WESTFALEN

Nr. 1130

Herausgegeben

im Auftrage des Ministerpräsidenten Dr. Franz Meyers

von Staatssekretär Professor Dr. h. c. Dr. E. h. Leo Brandt

DK 615.9 : 677.3 : 667.16 : 615.77

Prof. Dr. Hans Maier-Bode

Pharmakologisches Institut der
Rheinischen-Friedrich-Wilhelms-Universität Bonn
Direktor : Prof. Dr. Domenjoz

Untersuchungen zur Frage
nach einer etwaigen Aufnahme von Dieldrin
aus Dieldrin-imprägnierter Wolle
in den menschlichen Organismus

WESTDEUTSCHER VERLAG · KÖLN UND OPLADEN · 1962

ISBN 978-3-663-03957-0   ISBN 978-3-663-05146-6 (eBook)
DOI 10.1007/978-3-663-05146-6

Verlags-Nr. 011130

© 1962 Westdeutscher Verlag, Köln und Opladen

Gesamtherstellung: Westdeutscher Verlag

Inhalt

1. Die Methoden des Wollschutzes gegen Insektenfraß

Zum Schutz der Wolle gegen Schädigungen durch die Larven der Kleidermotte und anderer keratinfressender Insekten dienen:

a) *Mechanische Methoden*, z.B. Klopfen, Bürsten, Verschließen der bedrohten Gegenstände in dichte Behältnisse.

b) *Chemische Methoden*, nämlich
   b1) Die Anwendung von Begasungsmitteln (z.B. Naphthalin, p-Dichlorbenzol, Hexachloräthan) in dicht abschließenden Räumen;
   b2) die Anwendung von Kontaktinsektiziden (z.B. DDT oder Lindan) als Stäube-, Sprühmittel oder Aerosole;
   b3) die Anwendung von Textilimprägnierungsmitteln, d.h. von flüssigen Zubereitungen, mit welchen die zu schützenden Gegenstände getränkt werden. Die Wirkstoffe dieser Imprägnierungsmittel können der Wolle entweder einen *vorübergehenden Mottenschutz* verleihen oder einen *dauernden Mottenschutz*.

Vorübergehenden Schutz gegen Mottenbefall bewirkt die Imprägnierung der Wolle mit Insektiziden, die infolge eines eigenen Dampfdruckes oder weil sie nur oberflächlich und deshalb abwaschbar auf die Faser aufgelagert sind während des Gebrauchs, beim Waschen, bei der chemischen Reinigung und auch bei anderen in der Textilbehandlung üblichen Maßnahmen im Laufe der Zeit von der Wolle verschwinden. Die Schutzwirkung dieser Imprägnierungsmittel kann länger anhalten als die der unter b2) genannten Zubereitungen. [Die unter b1) zusammengefaßten Begasungsmittel verlieren ihre Wirkung schon nach dem Öffnen der geschlossenen Behältnisse.] Ein Beispiel für ein Imprägnierungsmittel mit vorübergehender Schutzwirkung ist das DDT enthaltende Wollschutzmittel *Trix W* der J.R.Geigy AG.

Dauernden Schutz gegen Mottenbefall verleihen der Faser solche Wirkstoffe, die aus den Imprägnierungsbädern wie echte Wollfarbstoffe aufziehen und weder von der Faser abdampfen noch durch häufig wiederholte Wäschen oder andere Reinigungs- oder Textilbehandlungsverfahren von der Wolle entfernt werden. Hierher gehören z.B. Wollschutzmittel aus der Reihe der *Eulane* (Farbenfabriken Bayer AG) und der *Mitine* (J.R.Geigy AG).

2. Dieldrin als Wollschutzmittel

Im Jahre 1956 wurde von den Wool Textile Research Laboratories, Commonwealth Scientific and Industrial Research Organization (C. S. I. R. O.) in Australien unter Verwendung des bekannten Insektizides Dieldrin ein neues Wollschutzmittel entwickelt. Ihm folgten in verschiedenen Ländern, z. B. unter den Namen *Dieldrex, Dielmoth, Dielproof, Fixit, Shelltox, Termitox,* weitere Dieldrin enthaltende Textilimprägnierungsmittel ähnlicher Zusammensetzung. Soweit uns bekannt, handelt es sich in allen Fällen um Lösungen von 15 bis 20% Dieldrin in Mischungen aus organischen Lösungsmitteln und geeigneten Dispergiermitteln. Die Anwendung dieser Dieldrin enthaltenden Wollschutzmittel erfolgt in wässeriger Emulsion, meist in schwach saurem Bad, zweckmäßig bei Temperaturen zwischen 40 und 100° C, z. B. gemeinsam mit dem Färbeprozeß oder auch durch Nachbehandlung bereits gefärbter Ware, nach dem Bleichen oder Walken, während der Nachwäsche gefärbter Kammzüge usw. Empfohlen wird ihre Anwendung für Oberbekleidung, Wolldecken, Teppiche, Filze und Polsterungen, nicht aber für Gegenstände, die oft gewaschen werden, wie Körper- und Babywäsche. Als Vorteile gegenüber den bisher bekannten Methoden werden die einfache Handhabung und die Wirtschaftlichkeit der Dieldrin-Imprägnierung hervorgehoben.

3. Die Eigenschaften des Wirkstoffes Dieldrin

Der Wirkstoff Dieldrin, eine farblose, kristalline Substanz vom Schmelzpunkt 175–176°C, gehört wie DDT zu den Insektiziden aus der Reihe der chlorierten Kohlenwasserstoffe. Wie für Insekten, so ist Dieldrin auch für Warmblüter, einschließlich Mensch, toxischer als DDT. Die perorale, akute Toxizität des Dieldrin gegenüber Ratten [9] liegt 3–5mal höher als die des DDT. Aus Erfahrungen bei der Anwendung von Dieldrin-Präparaten zur Bekämpfung von Malariamücken folgert die Weltgesundheitsorganisation [3], daß Gefährdungsmöglichkeiten für die damit arbeitenden Menschen in erster Linie durch die leichte Resorbierbarkeit des trockenen Wirkstoffes und seiner Lösungen durch die menschliche Haut gegeben seien. Im Gegensatz hierzu wird DDT durch die Haut nicht erheblich resorbiert. Aus Tierversuchen kann man auf die Kumulierung der Dieldrin-Wirkung nach mehrfach wiederholter Aufnahme des Wirkstoffes durch den Magen, die Atmungsorgane oder die Haut schließen. So beträgt beispielsweise die LD_{50} für Ratten bei einmaliger cutaner Applikation von Dieldrin 150 mg/kg, wogegen schon 14 Kontakte mit je 5 mg/kg auf Ratten tödlich wirken [9].

4. Versuche über die Haftfestigkeit des Dieldrins auf Dieldrin-imprägnierter Wolle

Für die hygienische Beurteilung der Anwendung Dieldrin-haltiger Wollschutz-mittel ist die Haftfestigkeit des Insektizides auf Dieldrin-imprägnierter Wolle von entscheidender Bedeutung. Die hierüber angestellten Versuche ergaben folgendes:

a) Nachweis der Ablösbarkeit des Dieldrins von Dieldrin-imprägnierter Wolle mittels Biotest

Ob ein auf Wolle aufgebrachtes, als Berührungsgift wirkendes Insektizid, wie Dieldrin, auf der Faser festgebunden ist oder nur locker haftet, zeigt sich beim Biotest mit Insekten, welche Wolle nicht fressen. Sterben die auf der Wolle herum-laufenden Tiere durch Kontaktgiftwirkung, so muß das Insektizid von der Ober-fläche der Wolle in den Organismus aufgenommen worden sein, konnte also nicht fest auf der Faser haften. Einen solchen Biotest haben wir mit folgenden Woll-proben durchgeführt:

1. Stranggarn, gefärbt, ohne Mottenschutzmittel, im sonstigen von gleicher Beschaffenheit wie Muster 2.
2. Stranggarn, gefärbt, im Auftrage eines Kunden von einer Textilfärberei mit dem Dieldrin enthaltenden Wollimprägnierungsmittel Termitox in einer uns nicht näher bekannten Weise behandelt.
3. Gabardine, ungefärbt, ohne Mottenschutzmittel.
4. und 5. Gabardine, gleicher Beschaffenheit wie 3, in unserem Auftrage von einer Textilfärberei nach Gebrauchsanweisung im sauren Färbebad eine Stunde lang bei 100° C mit 0,2 bzw. 0,35 g Termitox je 100 g Wolle behandelt. Dieses Imprägnierungsverfahren wird in den Tabellen als »sF 100°« (»saures Färbe-bad, 100°C«) bezeichnet.
6. und 7. Gabardine, gleicher Beschaffenheit wie 3, in unserem Auftrage von einer Textilfärberei nach der für die Nachbehandlung gefärbter Wolle ge-gebenen Gebrauchsanweisung in schwach saurem Bad 30 min lang bei 40°C mit 0,2 bzw. 0,35 g Termitox je 100 g Wolle behandelt. Diese Imprägnierungs-weise wird in den Tabellen als »NB 40°« (»Nachbehandlung, 40°C«) be-zeichnet.

Der Biotest erfolgte in Petrischalen mit Taufliegen (Drosophila melanogaster). Jede Wollprobe wurde in vierfacher Wiederholung mit je 25 Taufliegen besetzt, also mit insgesamt 100 Taufliegen getestet. Die Kontaktgiftwirkung wurde nach den in den Tabellen angegebenen Zeiten durch Zählung der abgetöteten Tiere ermittelt.

Die Ergebnisse dieser Versuche zeigt Tab. 1.

Tab. 1   Kontaktgiftwirkung Dieldrin-imprägnierter Wollproben (von je 11,3 cm² Oberfläche) auf Drosophila melanogaster

Nr.	Material	Imprägniert mit	Imprägnier-verfahren	% Abtötung nach Stunden			
				4	6	8	10,5
1	Stranggarn	unbehandelt	–	0	0	0	0
2	Stranggarn	Termitox	unbekannt	0	30	73	98
3	Gabardine	unbehandelt	–	0	30	0	0
4	Gabardine	0,2% Termitox	sF 100°	0	10	40	75
5	Gabardine	0,35% Termitox	sF 100°	0	30	50	87
6	Gabardine	0,2% Termitox	NB 40°	10	48	80	100
7	Gabardine	0,35% Termitox	NB 40°	10	58	85	100

Auf den mit Dieldrin behandelten Wollmustern 2, 4, 5, 6, 7 starben die Fliegen nach kurzer Zeit; sie überlebten aber auf den unbehandelten Mustern 1 und 3. Daraus ergibt sich, daß der Wirkstoff Dieldrin, mindestens zum Teil, locker auf der Faser haftet. Man sieht ferner, daß die bei 40° C mit Termitox imprägnierte Wolle (6 und 7) stärker kontaktinsektizid wirkt als die bei 100° C behandelte (4 und 5), also einen höheren Anteil an leicht ablösbarem und deshalb kontaktinsektizid wirksamem Dieldrin enthält.

Im Vergleich dazu wurden mit den Wollschutzmitteln Eulan FLE, Eulan U33 und Mitin FF hoch conc. imprägnierte Wollmuster nach dem gleichen Verfahren mit Drosophila melanogaster getestet. Wie aus Tab. 2 ersichtlich, wirkten diese Wollproben nicht kontaktinsektizid.

Tab. 2   Prüfung von Eulan- und Mitin-imprägnierten Wollproben (von je 11,3 cm² Oberfläche) auf Kontaktgiftwirkung gegenüber Drosophila melanogaster

Nr.	Material	Imprägniert mit	Imprägnier-verfahren	% Abtötung nach Stunden			
				4	6	8	10,5
1	Gabardine	unbehandelt	–	0	0	0	0
2	Gabardine	2 % Eulan FLE	sF 100°	0	0	0	0
3	Gabardine	1,5% Eulan U33	sF 100°	0	0	0	0
4	Gabardine	1 % Mitin FF hoch conc.	sF 100°	0	0	0	0

b) Versuche über die Abwaschbarkeit des Dieldrins von Dieldrin-imprägnierter Wolle

Das lockere Haften des Dieldrins auf der Wolle zeigt sich auch im Verhalten Dieldrin-imprägnierter Wolle beim Waschen. Nach Versuchen von REDSTON [7] sinkt der Dieldrin-Gehalt von Wolltextilien, die mit Dieldrin enthaltenden Mottenschutzmitteln imprägniert wurden, bei mehrfach wiederholter Seifenwäsche oder chemischer Reinigung auf einen Bruchteil ab, z. B. bei 20 Seifenwäschen von 0,04 auf 0,01%. Auch hier verhält sich Dieldrin verschieden von anderen Wollschutzmitteln, z. B. solchen aus der Reihe der Eulane und Mitine, die wie waschechte Wollfarbstoffe auf die Faser ziehen.

Wir haben die Abwaschbarkeit von Dieldrin aus Dieldrin-imprägnierter Wolle durch den Taufliegentest bestätigt. Für diese Versuche haben wir Stücke des in Tab. 1 unter Nr. 7 angeführten, bei 40°C mit 0,35 g Termitox je 100 g Wolle vorschriftsmäßig imprägnierten Gabardinemusters in einem Speziallaboratorium nach genormten Wasch- bzw. Reinigungsvorschriften fünfmal hintereinander mit Perwoll waschen lassen (»Feinwäsche«) bzw. fünfmal hintereinander mit einer Mischung aus Perchloräthylen, Wasser und einem Reinigungsverstärker reinigen lassen (»chemische Reinigung«). Nach jedem Wasch- bzw. Reinigungsprozeß wurde eine Probe von dem betreffenden Gabardinestück für den Biotest entnommen. Dieser erfolgte, wie im Abschnitt 4a) beschrieben. Die Ergebnisse zeigt Tab. 3.

Tab. 3   Kontaktgiftwirkung Dieldrin-behandelter Wollproben vor und nach ein- und mehrfacher Feinwäsche und chemischer Reinigung auf Drosophila melanogaster (Gabardine, imprägniert mit 0,35% Termitox bei 40°C)

Zahl der Wäschen	Feinwäsche				Chemische Reinigung			
	% Abtötung nach Stunden							
	4	6	8	10,5	4	6	8	10,5
0	10	58	85	100	10	58	85	100
1	0	10	40	68	0	40	73	98
2	0	0	0	10	0	25	53	98
3	0	0	0	0	0	18	50	93
4	0	0	0	0	0	15	38	58
5	0	0	0	0	0	8	25	45

In dem Verschwinden der Kontaktgiftwirkung der Dieldrin-imprägnierten Wollmuster nach der Wäsche bzw. chemischen Reinigung findet man eine Bestätigung für die von REDSTON [7] festgestellte Abwaschbarkeit von Dieldrin aus Dieldrin-imprägnierter Wolle.

c) Versuche über die Sublimierbarkeit des Dieldrins aus Dieldrin-imprägnierter Wolle

Wenn man 1 g mit 0,2% Termitox bei 40 oder 100°C imprägnierten Gabardine (Tab. 1, Nr. 4 oder 6) in einem kurzhalsigen Rundkölbchen von 50 ml Inhalt mit senkrecht aufgesetztem, wassergekühltem Liebigkühler unter Evakuieren auf etwa 10 mm Hg 24 Stunden lang bei 110°C erhitzt, so erhält man im unteren Teil des

Kühlrohres ein Sublimat. Dieses zeigt nach Herausspülen mit Chloroform in eine Petrischale und Abdunsten des Lösungsmittels im Taufliegentest starke Insektizidwirkung. Dagegen ließ sich aus unbehandeltem Gabardine (Tab. 1, Nr. 3) in gleicher Weise ein insektizid wirksames Sublimat nicht erzeugen.

Aber auch bei niedrigen Temperaturen kann eine Sublimation des Dieldrins nachgewiesen werden: Auf die Innenseite eines 50 mm weiten Reagenzglases wurde mittels eines zylindrischen Drahtgestelles ein 165 cm² großes, rechteckiges Stück Dieldrin-imprägnierter Wollstoff (Tab. 1, Nr. 6) angebracht. Das Reagenzrohr enthielt einen durchbohrten Stopfen, durch welchen ein mit durchfließendem Wasser gekühltes 35 mm weites Reagenzglas eingehängt wurde. Erwärmte man das äußere Rohr 48 Stunden lang in einem Thermostat auf 37° C, so ließ sich anschließend auf der Außenfläche des inneren Reagenzglases durch Abspülen mit Chloroform in eine Petrischale, Abdunsten des Lösungsmittels und Biotest mit Drosophila melanogaster ein Dieldrin-Sublimat nachweisen. Ein Parallelversuch mit unbehandelter Wolle gab erwartungsgemäß kein insektizid wirksames Sublimat.

d) Versuche über die Wasserdampfflüchtigkeit des Dieldrins aus Dieldrin-imprägnierter Wolle

In einen 100-ml-Rundkolben mit aufgesetztem Tropftrichter und angeschlossenem, absteigendem Liebigkühler mit Vorlage wurden 5 g mit 0,2% Termitox bei 40 bzw. 100° C imprägnierter Wolle (Tab. 1, Nr. 4 bzw. 6) und 50 ml Wasser gegeben. Nun wurden unter Aufrechterhaltung der Flüssigkeitsmenge im Kolben durch Zutropfen von Wasser langsam 30 ml abdestilliert. Anschließend wurde der Kühler mit Chloroform ausgespült und das Destillat mit dem gleichen Lösungsmittel ausgeschüttelt. Aus den erhaltenen Extrakten wurde das Chloroform in einer Petrischale abgedunstet. In beiden Fällen zeigten die Abdampfrückstände beim Biotest mit Drosophila melanogaster insektizide Wirkung. Das war bei dem Extrakt aus einem Parallelversuch mit unbehandelter Wolle nicht der Fall.

5. Versuche über die Ablösbarkeit von Dieldrin aus Dieldrin-imprägnierter Wolle unter physiologischen Bedingungen [4]

Es ergibt sich nun die Frage, ob – etwa in Parallele zum Taufliegenversuch – die leicht ablösbaren Dieldrin-Anteile bei direktem Kontakt von Dieldrin-behandelter Wolle mit dem menschlichen Körper auf die Haut übertragen und durch diese in den Organismus resorbiert werden können. Dabei könnte als Transportmittel für das Dieldrin von der Textilfaser auf die Hautoberfläche der menschliche Schweiß wirken, der normalerweise in Mengen von etwa einem Liter, in besonderen Fällen bis zu 15 Liter/Tag ausgeschieden wird. Er enthält etwa 0,25–0,5% organische Bestandteile, darunter in feinverteilter Form talgartige Fette und Cholesterin [2], beides Lösungsmittel für das »lipoidlösliche« Dieldrin.

a) Nachweis der Ablösbarkeit von Dieldrin aus Dieldrin-imprägnierter Wolle durch menschlichen Schweiß mit Hilfe des Biotestes

1,5 g des in Tab. 1 unter Nr. 2 genannten Praxismusters Termitox-behandelten Stranggarnes wurden mit einem 50 cm langen, 6 cm breiten Streifen Mullgaze umwickelt. Das Päckchen wurde leicht zusammengenäht und von einer Versuchsperson sechs Stunden lang in der Achselhöhle getragen. Nach Entfernung der Dieldrin-behandelten Wolle wurde der Mullstreifen mit Petroläther ausgezogen, das Lösungsmittel abgedunstet und der Rückstand im Vergleich zu einem Petroläther-Extraktionsrückstand, der analog unter Verwendung von unbehandeltem Stranggarn (Tab. 1, Nr. 1) hergestellt worden war, gegen Drosophila melanogaster getestet. Die in Tab. 4 enthaltenen Ergebnisse dieser Versuche lassen erkennen, daß menschlicher Schweiß von Dieldrin-imprägnierter Wolle das Insektizid herunterzulösen vermag.

Tab. 4 Kontaktgiftwirkung der in der Achselhöhle einer Versuchsperson aus 1,5 g unbehandeltem und Dieldrin-behandeltem Stranggarn in sechs Stunden durch Schweiß extrahierten Substanzen auf Drosophila melanogaster

Nr.	Extrakt aus Mullstreifen von	% Abtötung nach Stunden			
		1	2	4	6
1	unbehandeltem Stranggarn	0	0	0	0
2	mit Termitox behandeltem Stranggarn	0	15	78	100

Die weiteren Untersuchungen über die Ablösbarkeit von Dieldrin aus Dieldrin-imprägnierter Wolle wurden mit isoliertem, gemischtem Körperschweiß durchgeführt. Dieser wurde von mehreren männlichen und weiblichen Personen in einer Heißluftsauna gesammelt. Dabei wurde darauf geachtet, daß vor und während des Schwitzens weder Seife, Hautcreme noch andere fetthaltige Kosmetika verwendet wurden, da solche, wenn sie in den Schweiß gelangten, dessen Lösevermögen für Dieldrin beeinflussen konnten. Die von einer Person während eines Saunaaufenthaltes gesammelte Schweißmenge betrug im allgemeinen 100–150 ml. Das p_H der einzelnen Schweißmuster schwankte zwischen 6,0 und 8,0 und lag meistens zwischen 6,1 und 6,4. Ein Einfluß des p_H auf die Lösefähigkeit des Schweißes für Dieldrin konnte nicht festgestellt werden. Die Ablöseversuche wurden mit gefärbtem, Termitox-imprägniertem Stranggarn (identisch mit Nr. 2 von Tab. 1) und mit dem bei 100°C mit 0,35% Termitox imprägnierten Gabardine (Nr. 5 von Tab. 1) vorgenommen, außerdem vergleichsweise mit den entsprechenden nicht imprägnierten Wollproben und den mit Eulan FLE, Eulan U 33 und Mitin FF imprägnierten Gabardinemustern (Nr. 2, 3 und 4 in Tab. 2).

Von dem mit 0,35% Termitox bei 100°C behandelten Gabardinestück ließen wir eine Probe, wie im Abschnitt 4b) beschrieben, fünfmal hintereinander mit Perwoll waschen (»Feinwäsche«) und die andere fünfmal hintereinander chemisch reinigen. Nach dem ersten und fünften Wasch- bzw. Reinigungsprozeß entnommene Proben wurden in die Ablöseversuche einbezogen.

Je 2 g dieser Wollmuster wurden im Thermostat bei 37°C zwei Stunden lang mit 20 ml eines Gemisches von menschlichem Körperschweiß verschiedener Personen mechanisch geschüttelt, dann wurde durch eine weitporige Glasfilterplatte filtriert, das Filtrat mit Petroläther ausgeschüttelt, ein 50 mg Wolle entsprechender Teil der petrolätherischen Lösung abgedunstet und der Rückstand auf Taufliegenwirkung geprüft. Die Tab. 5 enthält die Ergebnisse dieser Versuche.

Tab. 5 Kontaktgiftwirkung der aus 50 mg Wolle durch menschlichen Schweiß bei 37°C extrahierten Substanzen auf Drosophila melanogaster

Nr.	Material	Imprägnierung	Wäschen		% Abtötung nach Stunden			
			Zahl	Art	1	3	4	5
1	Stranggarn	unbehandelt	–	–	0	0	0	0
2	Stranggarn	Termitox	–	–	0	44	78	100
3	Gabardine	unbehandelt	–	–	0	0	0	0
4	Gabardine	0,35% Termitox*	–	–	0	58	86	100
5	Gabardine	0,35% Termitox	1	Feinwäsche	0	8	36	74
6	Gabardine	0,35% Termitox	5	Feinwäsche	0	0	0	0
7	Gabardine	0,35% Termitox	1	chemische Reinigung	0	10	48	92
8	Gabardine	0,35% Termitox	5	chemische Reinigung	0	0	0	0
9	Gabardine	2 % Eulan FLE	–	–	0	0	0	0
10	Gabardine	1,5 % Eulan U 33	–	–	0	0	0	0
11	Gabardine	1 % Mitin FF hoch conc.	–	–	0	0	0	0

* Alle Imprägnierungen von Nr. 4 bis 11 wurden bei 100°C (1 Std.) vorgenommen.

Die Extrakte aus den Dieldrin-behandelten, ungewaschenen Proben (2 und 4) wirkten insektizid, die aus einmal gewaschenen (5 und 7) schwächer und die aus den fünfmal gewaschenen (6 und 8) nicht. Dagegen ließen die Extrakte aus den unbehandelten Wollmustern (1 und 3) und aus den mit Eulan FLE, Eulan U 33 und Mitin FF hoch conc. imprägnierten Wollproben (9, 10 und 11) keine kontakt-insektizide Wirksamkeit erkennen. Die Versuchsergebnisse zeigen also, daß menschlicher Schweiß aus der bei 100°C Termitox-behandelten Wolle ebenso Dieldrin herauslöst wie aus dem bei 40°C mit Termitox imprägnierten Wollmuster (Tab. 4). Ferner bestätigt sich an der bei 100°C Termitox-imprägnierten Wolle die Abwaschbarkeit von Dieldrin durch Wasch- und Reinigungsmittel, die an den bei 40°C mit Termitox behandelten Wollmustern beobachtet worden war (Tab. 3).

b) Quantitative Untersuchungen über die Ablösbarkeit von Dieldrin aus Dieldrin-imprägnierter Wolle durch menschlichen Schweiß

Zur quantitativen Ermittlung der von Dieldrin-imprägnierter Wolle durch Schweiß ablösbaren Dieldrin-Mengen bedienten wir uns der im folgenden beschriebenen Variation der ursprünglich von O'DONNELL, JOHNSON und WEISS [5] entwickelten Phenylazid-Methode.

b1) Das Analysenverfahren

Von dem durch Extraktion von beispielsweise 4 g Wolle mit 40 ml menschlichem Schweiß erhaltenen Dieldrin-haltigen Schweiß werden 10 ml zweimal mit je 10 ml Petroläther ausgeschüttelt. Der vereinte Petroläther-Extrakt wird zweimal mit je 10 ml Wasser gewaschen. Dann wird er auf 25 ml aufgefüllt, und ein abgemessener Teil dieser Lösung, z.B. 5 ml, wird auf etwa 0,3 ml eingeengt. Man versetzt mit 1,0 ml einer aus 10 ml 48%iger wässeriger Bromwasserstoffsäure und 20 ml Essigsäureanhydrid unter Kühlung hergestellten Mischung und erhitzt dann 30 min lang auf 95°C. Nach Abkühlen gibt man vorsichtig 0,4 g Zinkstaub zu, erhitzt 15 min lang unter häufigem Umschütteln abermals auf 95°C, kühlt dann ab und versetzt mit 2,5 ml 2 n HCl. Man läßt unter häufigem Umschütteln bis zur Auflösung des unverbrauchten Zinkstaubes stehen und schüttelt dann dreimal mit je 10 ml Petroläther aus. Die vereinten petrolätherischen Lösungen werden dreimal mit je 20 ml Wasser ausgewaschen und nach restloser Abtrennung vom Wasser vorsichtig auf ca. 0,3 ml eingedampft.
Den Rückstand versetzt man mit 0,5 ml Phenylazid-Lösung (Herstellung s. bei O'DONNELL [6]), erhitzt 15 min lang bei 100°C und anschließend unter Evakuierung auf etwa 2 mm Hg 15 min bei 50°C. Nach Abkühlen gibt man unter guter Durchmischung hintereinander 1,5 ml 96%igen Alkohol, 0,3 ml conc. Salzsäure und 0,15 ml p-Nitrophenyldiazoniumchlorid-Lösung (hergestellt durch Diazotieren von 0,345 g p-Nitranilin und Verdünnen mit Wasser auf 25 ml) zu und nach

30 min Stehen 3,0 ml einer Mischung aus 33,3 ml conc. Schwefelsäure, 16,7 g Eis und 100 ml 96%igem Alkohol. Anschließend wird durch ein hartes Filter filtriert und die Extinktion E_V des Filtrates in einer 1-cm-Küvette bei 520 mμ gegen eine Mischung aus 1,5 ml 96%igem Alkohol, 0,3 ml conc. HCl, 0,15 ml p-Nitrophenyldiazoniumchlorid-Lösung und 3,0 ml Schwefelsäure-Alkohol-Gemisch (s. o.) im Spektralphotometer gemessen. Von der Extinktion E_V wird die Extinktion E_L abgezogen, die parallel zu E_V nach dem gleichen Analysengang an einem Petrolätherextrakt ermittelt worden ist, welcher unter Verwendung Dieldrin-freier Wolle und von Schweiß gleicher Herkunft, wie für die Analyse verwendet, hergestellt worden ist. Aus der Differenz der Extinktionen $E_V - E_L$ bestimmt man an Hand einer vorher aufgestellten Eichkurve den Gehalt der untersuchten Lösung an Dieldrin.

b2) Die Versuchsergebnisse

Die Ergebnisse der mit dieser Analysenmethode durchgeführten quantitativen Untersuchungen über die Ablösbarkeit von Dieldrin aus Dieldrin-imprägnierter, ungewaschener und gewaschener Wolle durch menschlichen Schweiß sind in Tab. 6 zusammengefaßt. Je 4 g Wolle wurden auf einer Schüttelmaschine im Thermostaten bei genau 37°C mit 40 ml Schweiß zwei Stunden lang extrahiert. Nach Abtrennung der Extrakte von der Wolle wurde nach der angegebenen Analysenvorschrift verfahren. Alle Versuche wurden in mehrfacher Wiederholung durchgeführt.

Wie Tab. 6 zeigt, löst ein Liter Schweiß, also die von einem Menschen pro Tag durchschnittlich erzeugte Schweißmenge, aus je 100 g sechs verschiedener, mit Dieldrin-Wollschutzmtteln praxisüblich imprägnierter Wollproben (Nr. 1, 2, 3, 4, 9, 14) zwischen 1,9 und 3,3 mg Dieldrin, im Durchschnitt von 26 Einzeluntersuchungen 2,5 mg, ab. Der aus den bei 40°C imprägnierten Wollproben (3 und 9) extrahierte Schweiß löste um die Hälfte mehr Dieldrin ab als aus den bei 100°C hergestellten Mustern 2 und 4. Das bestätigt die bei der Prüfung der Kontaktgiftwirkung der gleichen Wollproben (Tab. 1, Nr. 4, 5, 6, 7) getroffene Feststellung, daß mit Dieldrin-Mottenschutzmitteln bei 40°C imprägnierte Wolle einen höheren Anteil an leicht ablösbarem Dieldrin enthält als bei 100°C behandelte Wolle. Aus einmal gewaschenen und chemisch gereinigten Dieldrin-imprägnierten Wollmustern (Nr. 5, 7, 10, 12) extrahiert Schweiß weniger Dieldrin als aus den entsprechenden ungewaschenen Proben (Nr. 4 und 9), noch weniger aus den fünfmal gewaschenen oder chemisch gereinigten Wollmustern (Nr. 6, 8, 11, 13). Diese Versuchsergebnisse stehen im Einklang mit den Resultaten des Biotests an gewaschenen und chemisch gereinigten Wollproben (Tab. 5); jedoch konnte im Schweiß noch nach fünf Wäschen Dieldrin analytisch erfaßt werden.

*Tab. 6   Analytische Dieldrin-Bestimmung in menschlichem Schweiß nach Einwirkung auf
Dieldrin-behandelte Wolle bei 37°C*

Nr.	Material und Imprägnierung	Wäschen*		Zahl der Versuche	1 l Schweiß löst aus 100 g Wolle mg Dieldrin
		Zahl	Art		
1	Stranggarn, Termitox-behandelt, Praxismuster	–	–	2	3,3
2	Gabardine, 0,2 % Termitox, sF 100°	–	–	2	1,9
3	Gabardine, 0,2 % Termitox, NB 40°	–	–	2	2,8
4	Gabardine, 0,35% Termitox, sF 100°	–	–	8	1,9
5	Gabardine, 0,35% Termitox, sF 100°	1	FW	2	1,0
6	Gabardine, 0,35% Termitox, sF 100°	5	FW	2	< 0,1
7	Gabardine, 0,35% Termitox, sF 100°	1	cR	2	1,0
8	Gabardine, 0,35% Termitox, sF 100°	5	cR	2	0,7
9	Gabardine, 0,35% Termitox, NB 40°	–	–	10	2,9
10	Gabardine, 0,35% Termitox, NB 40°	1	FW	2	0,8
11	Gabardine, 0,35% Termitox, NB 40°	5	FW	2	0,1
12	Gabardine, 0,35% Termitox, NB 40°	1	cR	2	1,2
13	Gabardine, 0,35% Termitox, NB 40°	5	cR	2	0,2
14	Gabardine, 0,3 % Dielmoth, sF 100°	–	–	2	2,5

* FW = Feinwäsche; cR = chemische Reinigung; beides, wie im Abschnitt 4b
angegeben.

Befreit man frischen Schweiß durch Ausschütteln mit Chloroform von Fett und
lipoidähnlichen Substanzen, so verliert er, wie aus Tab. 7 ersichtlich, sein Lösevermögen für Dieldrin fast völlig. Die mit Chloroform extrahierbaren Stoffe sind
also im wesentlichen für die Fähigkeit des Schweißes verantwortlich, Dieldrin
aus Dieldrin-behandelter Wolle zu extrahieren.

*Tab. 7   Ablösevermögen von menschlichem Schweiß für Dieldrin aus Dieldrin-behandelter
Wolle*

Ablösemittel		Von 100 g mit 0,2% Termitox bei 40°C behandelter Wolle werden bei 37°C innerhalb 2 Std. abgelöst
Bezeichnung	Menge in l	
Schweiß (pH 6,4)	2	2,89 mg Dieldrin
Schweiß, mit Chloroform ausgeschüttelt	2	0,65 mg Dieldrin
Wasser, destilliert	2	0,2 mg Dieldrin

18

6. Folgerungen aus den Ergebnissen der angestellten Versuche

Aus der Toxizität der Dieldrin-imprägnierten Wolle für Taufliegen, aus der Abwaschbarkeit des Wirkstoffes von der Wolle durch Wasch- und Reinigungsmittel, aus seiner Sublimierbarkeit und Wasserdampfflüchtigkeit, schließlich aus seiner Ablösbarkeit von der Faser durch menschlichen Schweiß folgt, daß Dieldrin nicht wie die dauernden Mottenschutz verleihenden Eulan- und Mitin-Marken farbstoffähnlich auf die Faser aufzieht, sondern nur mechanisch aufgelagert oder eingelagert wird. Es ist deshalb – auch wenn man von der Toxikologie des Dieldrins absieht – berechtigt, daß die Behandlung von Textilien, die oft gewaschen werden, wie Körper- oder Babywäsche, mit Mottenschutzmitteln auf Dieldrin-Basis nicht empfohlen wird. Wegen dieser begrenzten Haftfestigkeit des Dieldrins auf der Faser können die Dieldrin enthaltenden Wollschutzmittel nicht unter die Textilimprägnierungsmittel mit dauernder Mottenschutzwirkung [s. Abschnitt 1, b 3) dieses Berichtes] eingruppiert werden, wenngleich nach dem Urteil der Praxis Dieldrin bei richtiger Anwendung in ausreichender Menge einen zufriedenstellenden Mottenschutz (»une protection satisfaisante contre l'attaque par les mites«) liefert und einer gewissen Anzahl von Wäschen widersteht (»elle résiste à un certain nombre de lavages mais pas autant que l'Eulan et le Mitin«) [1].
Für die hygienische Beurteilung der Anwendung von Dieldrin zur Textilausrüstung und der Benutzung Dieldrin-imprägnierter Textilien sollte man einerseits seine Resorbierbarkeit durch Atmungs-, Verdauungsorgane und Haut des Menschen, andererseits die Ablösbarkeit von Dieldrin aus den damit behandelten Textilien im Verlaufe ihrer praktischen Benutzung berücksichtigen.
Die von den Herstellerfirmen an die Textilausrüstungsbetriebe herausgegebenen Gebrauchsanweisungen (z.B. für Dieldrex [8]) tragen meistens der Gefahr der Resorption von Dieldrin aus den Imprägnierlösungen in den menschlichen Organismus Rechnung, so durch die Vorschrift des Tragens von Gummihandschuhen, Gesichtsmasken und täglich frisch gewaschener Kleidung, durch das Gebot des sofortigen Kleiderwechsels bei zufälligem Verspritzen oder Ausschütten der Dieldrin enthaltenden Imprägnierlösungen. Wegen der Wasserdampfflüchtigkeit des Dieldrins bei seiner Anwendung im siedenden Färbebad dürfte außerdem die Forderung von Maßnahmen nötig sein, welche Gewähr dafür leisten, daß die Dieldrin-Konzentration in der Luft der Ausrüstungsbetriebe niedrig, z.B. unterhalb 0,25 mg/m³, bleibt. Diese zulässige Höchstkonzentration an Dieldrin in der Luft von Räumen, in welchen täglich acht Stunden lang gearbeitet wird, wurde von der American Conference of Governmental Industrial Hygienists im Jahre 1957 festgelegt [1].
Der aus den Berichten der technischen Kommissionssitzungen des Internationalen Woll-Verbandes in Paris im Jahre 1958 gefolgerte Schluß, daß für die vollständige

Unschädlichkeit Dieldrin-behandelter Wollartikel für den Benutzer unmöglich garantiert werden könne (»il n'est pas possible pour le moment de garantir qu'un lainage traité à la dieldrine sera d'une innocuité complète s'il est porté au contact de la peau ou utilisé pendant une longue période«) [1], findet eine Bestätigung durch die Beobachtung der Ablösbarkeit von Dieldrin aus Dieldrin-imprägnierter Wolle durch menschlichen Schweiß. Man kann sich vorstellen, daß aus dem Dieldrin-haltigen Schweiß durch Verdunsten von Wasser auf der Hautoberfläche ein Dieldrin-haltiger Film entsteht. Da Dieldrin durch die Haut des Menschen leicht und schnell resorbiert wird [3], muß also eine Aufnahme des Insektizides von diesem Dieldrin-Film aus in den menschlichen Körper erwartet werden, ähnlich wie Dieldrin im Drosophila-Versuch von der Wolloberfläche durch die Haut der Insekten in deren Organismus eindringt. Die von 100 g Dieldrin-imprägnierter Wolle durch einen Liter, also etwa die menschliche Tagesproduktion an Schweiß, durchschnittlich abgelöste Menge von 2,5 mg Dieldrin ist, gemessen an der toxischen Dosis (akute LD_{50} für Ratten cutan 150 mg/kg), nicht groß. Man sollte aber nicht außer Betracht lassen, daß bei wiederholter Aufnahme von Dieldrin in den Organismus eine Kumulierung seiner Wirkung eintreten kann (14 Kontakte mit je 5 mg/kg bei Ratten tödlich) [9]. Mehrfaches Waschen der imprägnierten Wolle setzt, wie unsere Versuche zeigen, die Gefahr einer Herauslösung von Dieldrin durch den Schweiß und damit der Resorption von Dieldrin durch die Haut herab.

Ob das aus Dieldrin-imprägnierten Textilien während der Benutzung durch Sublimation oder Verdampfung frei werdende Dieldrin toxikologisch von Bedeutung ist, läßt sich ohne eingehende quantitative Untersuchungen nicht entscheiden.

7. Zusammenfassung

1. Taufliegen (Drosophila melanogaster) gehen auf Wolle, die mit Dieldrin-haltigen Mottenschutzmitteln behandelt wurde, durch Kontaktgiftwirkung ein.
2. Ein Teil des Dieldrins wird von Dieldrin-imprägnierter Wolle durch Waschen und chemische Reinigung entfernt.
3. Desgleichen ist ein Teil des Dieldrins der Dieldrin-imprägnierten Wolle sublimierbar und wasserdampfflüchtig.
4. Menschlicher Schweiß vermag Dieldrin aus Dieldrin-imprägnierter Wolle abzulösen. Ein Liter menschlicher Schweiß löst aus 100 g Dieldrin-behandelter Wolle unter physiologischen Bedingungen durchschnittlich 2,5 mg Dieldrin ab.
5. Die durch Schweiß aus Wolle ablösbare Dieldrin-Menge verringert sich nach mehrfacher Wollwäsche.
6. Über die hieraus möglichen Folgerungen auf eine etwaige Aufnahme von Dieldrin aus Dieldrin-imprägnierter Wolle in den menschlichen Organismus wird diskutiert.
7. Für die quantitative Mikroanalyse des Dieldrins in Schweiß wird eine Methode angegeben.

Prof. Dr. Hans Maier-Bode

8. Literaturverzeichnis

[1] Anonym, Travaux de la commission technique de la Fédération Lainière Internationale. Revue Textile Tiba *58*: 300–302 (1959).

[2] FIEDLER, H. P., Der Schweiß (Editio Cantor, Aulendorf 1955).

[3] HAYES, W. J., jr., Abstract of report on the toxicity of dieldrin to man. Supplement to Information Circular on the toxicity of pesticides to man; World Health Organization. No. 2, January 1959.

[4] MAIER-BODE, H., Über die Ablösbarkeit von Dieldrin aus Dieldrin-behandelter Wolle unter physiologischen Bedingungen. Med. exp. *5*: 65–72 (1961).

[5] O'DONNELL, A. E., H. W. JOHNSON and F. T. WEISS, Chemical determination of dieldrin in crop materials. J. Agr. Food Chem. *3*: 757–762 (1955).

[6] O'DONNELL, A. E., M. M. NEAL, F. T. WEISS, J. M. BANN, T. J. DE CINO and S. C. LAU, Chemical determination of aldrin in crop materials. J. Agr. Food Chem. *2*: 573–580 (1954).

[7] REDSTON, J. P., The practical application and control of dieldrin for durable mothproofing. Amer. Dyestuff Rep. *48*: 49–57 (1959).

[8] SHELL CHEM. CORP., Agr. Chem. Sales Div., New York: Label bulletin. Specimen label. SHELL-Dieldrex 15. 30. 1. (1958).

[9] STEINER, P., und W. GRUCH, Zur Toxikologie der Insektizide: Dien-Gruppe. Mitt. Biol. Bundesanstalt f. Land- und Forstwirtsch. Berlin-Dahlem *95* (1959).

FORSCHUNGSBERICHTE
DES LANDES NORDRHEIN-WESTFALEN

Herausgegeben im Auftrage des Ministerpräsidenten Dr. Franz Meyers
von Staatssekretär Prof. Dr. h. c. Dr.-Ing. E. h. Leo Brandt

MEDIZIN - PHARMAKOLOGIE

HEFT 84
Dr. H. Baron, Düsseldorf
Über Standardisierung von Wundtextilien
1954, 32 Seiten, DM 6,40

HEFT 94
Prof. Dr. G. Winter, Bonn
Die Heilpflanzen des MATTHIOLUS (1611) gegen Infektionen der Harnwege und Verunreini-
gung der Wunden bzw. zur Förderung der Wund-
heilung im Lichte der Antibiotikaforschung
1954, 58 Seiten, 1 Abb., 2 Tabellen, DM 11,50

HEFT 95
Prof. Dr. G. Winter, Bonn
Untersuchungen über die flüchtigen Antibiotika
aus der Kapuziner- (Tropaeolum maius) und Gar-
tenkresse (Lepidium sativum) und ihr Verhalten
im menschlichen Körper bei Aufnahme von Kapu-
ziner- bzw. Gartenkressensalat per os
1955, 74 Seiten, 9 Abb., 25 Tabellen, DM 14,—

HEFT 146
Dr.-Ing. F. Gruß, Düsseldorf
Sterilisation mit Heißluft
1955, 34 Seiten, 10 Abb., DM 7,70

HEFT 221
Dr. W. Meyer-Eppler, Bonn
Experimentelle Untersuchungen zum Mechanismus
von Stimme und Gehör in der lautsprachlichen
Kommunikation
1955, 56 Seiten, 24 Abb., DM 13,45

HEFT 237
Dr. P. Endler und Dr. H. Ludes, Köln
Bericht über eine Studienreise zur Orientierung der
heutigen Behandlung der Lungentuberkulose in
den Vereinigten Staaten von Nordamerika
1956, 32 Seiten, DM 7,10

HEFT 257
Prof. Dr. G. Lehmann und Dr. J. Tamm, Dortmund
Die Beeinflussung vegetativer Funktionen des
Menschen durch Gerausche
1956, 38 Seiten, 25 Abb., 3 Tabellen, DM 11,20

HEFT 258
*Dr. H. Paul, Linz (Rhein), und Prof. Dr. O. Graf,
Dortmund*
Zur Frage der Unfälle im Bergbau
1956, 52 Seiten, 9 Abb., 22 Tabellen, DM 11,20

HEFT 300
*Prof. Dr. E. Schütz und Priv.-Doz. Dr. H. Caspers,
Münster*
Tierexperimentelle Untersuchungen über die Alko-
holwirkungen auf Erregbarkeit und bioelektrische
Spontanaktivität der Hirnrinde
1956, 44 Seiten, 6 Abb., 1 Tabelle, DM 9,55

HEFT 306
Prof. Dr. B. Rensch, Münster
Elektrophysiologische Untersuchungen zur Analy-
sierung der Bildung von Assoziationen und Ge-
dächtnisspuren in Gehirn und Rückenmark
Prof. Dr. A. Loeser, Münster
Akute und chronische Giftwirkungen sauerstoff-
haltiger Lösungsmittel
1956, 36 Seiten, 9 Abb., DM 8,90

HEFT 325
Prof. Dr. E. Schratz, Münster
Pharmakognostische Untersuchungen am Medizi-
nal-Rhabarber
1957, 62 Seiten, 29 Abb., 3 Tabellen, DM 17,90

HEFT 347
*Prof. Dr. med. S. Ruff, Dr. med. F. Kipp,
Dr. med. H. Hansteen und Dipl.-Phys. G. Müller,
Bonn*
Untersuchungen zur Frage der Gehörschädigung
des fliegenden Personals der Propellerflugzeuge
1957, 50 Seiten, 27 Abb., 3 Tabellen, DM 11,10

HEFT 359
Dr.-Ing. F. J. Meister, Düsseldorf
Veränderung der Hörschärfe, Lautheitsempfindung
und Sprachaufnahme während des Arbeitsprozesses
bei Lärmarbeiten
*1957, 84 Seiten, 11 Abb., 40 Audiogramme,
41 Tabellen, DM 19,90*

HEFT 387
Prof. Dr. med. W. Kikuth und Doz. Dr. med. L. Grün,
Düsseldorf
Die Verhütung von Infektion durch Desinfektion
des Raumes und der Raumluft
1957, 96 Seiten, 14 Abb., 20 Tabellen, DM 22,50

HEFT 394
Priv.-Doz. Dr. med. W. Koch, Münster
Die Ablagerung radioaktiver Substanzen im Knochen
1958, 264 Seiten, 147 Abb., DM 51,—

HEFT 414
Dr. med. H. K. Parchwitz und Dr. med C. Winkler,
Bonn
Speicherung organischer Farbstoffe und künstlich
radioaktiver Substanzen in Geschwülsten
1958, 46 Seiten, 14 Abb., DM 13,35

HEFT 416
Oberreg.-Gewerberat Dipl.-Ing. G. Steinicke, Hamburg
Die Wirkung von Lärm auf den Schlaf des Menschen
1957, 46 Seiten, 14 Abb., 8 Tabellen, DM 11,60

HEFT 446
Dr. med. G. Schäfer, Bonn
Glutationsstoffwechsel und Sauerstoffmangel
1957, 28 Seiten, 5 Tabellen, DM 6,40

HEFT 448
Dr. med. C. Winkler, Bonn
Ein Koinzidenz-Szintillometer zum Zwecke der
Schilddrüsenfunktionsdiagnostik und der Tumordiagnostik
1957, 32 Seiten, 12 Abb., DM 8,35

HEFT 467
Prof. Dr. Dr. h. c. E. Klenk und Dr. phil. H. Faillard,
Köln
Neue Erkenntnisse über den Mechanismus der Zellinfektion durch Influenzavirus
Die Bedeutung der Neuraminsäure als Zellreceptor
für das Influenzavirus
1957, 52 Seiten, 5 Abb., DM 14,40

HEFT 468
Prof. Dr. med. Dr. med. dent. G. Korkhaus und
Dr. med. dent. R. Alfter, Bonn
Die Vakuumwurzelbehandlung
1958, 48 Seiten, 51 Abb., DM 16,55

HEFT 486
Doz. Dr. med. E. Lerche und Dr. med. J. Schulze,
Aachen
Hörermüdung und Adaptation im Tierexperiment
1958, 44 Seiten, 12 Abb., DM 10,55

HEFT 490
Hauptstelle für Staub- und Silikosebekämpfung des
Steinkohlenbergbauvereins, Essen-Rüttenscheid
Zur Staub- und Silikosebekämpfung im Steinkohlenbergbau
1958, 90 Seiten, 47 Abb., 7 Tabellen, DM 26,20

HEFT 497
Oberarzt Dr. med. G. Mussgnug, Bottrop
Die Knochenveränderungen und der Knochenstoffwechsel beim Sudeck-Syndrom
1958, 58 Seiten, 18 Abb., DM 13,85

HEFT 517
Prof. Dr. med. G. Lehmann und
Dr. med. J. Meyer-Delius, Dortmund
Gefäßreaktionen der Körperperipherie bei Schalleinwirkung
1958, 24 Seiten, 12 Abb., 2 Tabellen, DM 9,15

HEFT 530
Prof. Dr. med. O. Graf, Dortmund
Nervöse Belastung im Betrieb. I. Teil: Nachtarbeit
und nervöse Belastung
1958, 52 Seiten, 10 Abb., DM 15,60

HEFT 538
Prof. Dr. K. Hinsberg, Düsseldorf
Reaktion zur Frühdiagnose von Krebserkrankungen
1958, 14 Seiten, 1 Abb., 3 Tabellen, DM 7,—

HEFT 555
Dipl.-Phys. K. Sellier, Bonn
Der Nachweis kleinster CO-Mengen in Körperflüssigkeiten
1958, 22 Seiten, 13 Abb., DM 9,10

HEFT 556
Prof. Dr. A. Gütgemann und Dr. med. G. Karcher,
Bonn
Klinische und experimentelle Untersuchungen mit
Hilfe einer künstlichen Niere
1958, 14 Seiten, 4 Abb., DM 7,10

HEFT 560
Prof. Dr. med. J. Vonkennel und Dr. G. Froitzheim,
Köln
Zur   Prüfung   silikohaltiger   Hautschutzsalben
1958, 22 Seiten, 4 Tabellen, DM 8,95

HEFT 571
Priv.-Doz. Dr. med. W. Klosterkötter, Münster
Zur Wirkung der Kieselsäure bei der Entstehung
der Silikose
1958, 152 Seiten, 98 Abb., 7 Tabellen, DM 41,95

HEFT 577
Prof. Dr. med. S. Ruff, Dr. med. K. Krieger, Dr. med.
G. Schäfer, Dr. med. W. Hartwich, Bonn, Dr. med.
O. Wünsche, Bad Godesberg, Dr. med. H. Braun und
Dr. med. H. Hansteen, Bonn
Untersuchungen zur therapeutischen Anwendung
des Sauerstoffmangels. 1. Mitteilung
1958, 118 Seiten, 30 Abb., 8 Tabellen, DM 29,10

HEFT 581
Obermedizinalrat a. D. Dr. med. F. Bassermann,
Regensburg
Elektronenoptische Untersuchungen an Ultradünnschnitten des Tuberkulose-Erregers sowie der
käsigen Gewebsnekrose und zum Problem des
Vorkommens einer mycobakteriellen L-Phase
1958, 64 Seiten, 28 Abb., DM 18,90

HEFT 619
Prof. Dr. med. O. Graf und
Dr. med. Dr. phil. J. Rutenfranz, Dortmund
Zur Frage der Belastung von Jugendlichen
1958, 66 Seiten, 18 Abb., 12 Tabellen, DM 16,50

HEFT 626
Deutsches Krankenhaus-Institut e. V., Düsseldorf
Arbeitsabläufe auf Krankenstationen
1959, 264 Seiten, 59 Abb., 24 Tabellen, DM 55,—

HEFT 635
Dr.-Ing. D. Dieckmann, Dortmund
Die Minderung der Schwingungsbelastung des
Menschen in Kraftfahrzeugen
1958, 24 Seiten, 8 Abb., 1 Tabelle, DM 7,90

HEFT 679
Prof. Dr. med. V. Hoffmann und Gernot Büttner, Köln
Die Verletzung von Autoinsassen. Ihre Entstehung
und Verhütung
I. und II. Teil
1959, 394 Seiten, 180 Abb., 59 Tabellen, DM 66,—

HEFT 736
Dr. med. W. Teusch, Völklingen (Saar)
Behebung der Störungen vitaler Lebensvorgänge
und ihrer Folgestörungen
1959, 30 Seiten, DM 8,50

HEFT 855
Priv.-Doz. Dr. J. Gleiss, Düsseldorf
Soziologische Untersuchungen über die Säuglings-
sterblichkeit im Ruhrgebiet
1960, 31 Seiten, 5 Abb., 13 Tabellen, DM 9,90

HEFT 856
Prof. Dr. H. Reploh, Dr. G. Gängel und
Dr. A. Nehrkorn, Münster (Westf.)
Untersuchungen über den Einfluß von Abwasser-
Organismen auf Krankheitserreger
1960, 26 Seiten, 11 Abb., 11 Tabellen, DM 8,60

HEFT 860
Prof. Dr. Dr.-Ing. W. Dirscherl und
Priv.-Doz. Dr. K.-O. Mosebach, Bonn
Untersuchungen über die Wirkungsweise der
Steroidhormone und den Umsatz der Organ-
proteine
1960, 20 Seiten, 6 Abb., 3 Tabellen, DM 7,—

HEFT 992
*Prof. Dr. Siegfried Niedermeier, Chefarzt der Augen-
klinik der Städtischen Krankenanstalten, Krefeld*
Verfeinerung der Technik der Netzhautoperation
1961, 22 Seiten, 10 Abb., DM 7,90

HEFT 996
*Priv.-Doz. Dr. Zindler, Chirurgische Klinik der Medi-
zinischen Akademie, Düsseldorf*
Künstliche Hypothermie für Herzoperationen mit
Kreislaufunterbrechung Teil I
1961, 82 Seiten, 17 Abb., 6 Tabellen, DM 24,40

HEFT 1001
*Dipl.-Phys. Dr. rer. nat. G. Langner, Institut für
Elektronenmikroskopie an der Medizinischen Akademie Düsseldorf*
Die Informationsübertragung bei der Mikroskopie
mit Röntgenstrahlen.
1961, 126 Seiten, 7 Abb., DM 37,—

HEFT 1019
Dr. med. habil. Kt. Herzog, Krefeld
Zur Methodik der fortlaufenden graphischen
Registrierung von Bewegungen der Gliedmaßen-
gelenke des Menschen
1961, 60 Seiten, 26 Abb., DM 19,—

HEFT 1032
*Prof. Dr. med. W. Bolt, Med. Universitätsklinik,
Köln-Lindenthal*
Lungenangiographie
1961, 40 Seiten, 30 Abb., DM 17,20

HEFT 1040
*Dr. med. U. Dix, Augenklinik der Medizinischen
Akademie, Düsseldorf*
Zur Frage der medikamentösen Verbesserung des
nächtlichen Sehens
1962, 80 Seiten, 40 Abb., DM 26,50

HEFT 1049
*Prof. Dr. med. L. Grün, Medizinische Akademie,
Düsseldorf*
Die biochemischen Eigenschaften der Staphylo-
kokken im Hinblick auf die Pathogenitätsbestim-
mung und Differenzierung der Keime zur Erken-
nung des Staphylokokken-Hospitalismus
1961, 62 Seiten, DM 19,50

HEFT 1103
*H. Venrath, P. Endler, M. Pirlet, K. H. Trippe,
Medizinische Universitätsklinik Köln (Direktor: Prof.
Dr. med. Dr. ing. h. c. Dr. med. h. c. H. W.
Knipping)*
Über eine neue Methode der regionalen Ventila-
tionsanalyse mit Hilfe des radioaktiven Edelgases
Xenon 133. (Isotopenthorakographie)
In Vorbereitung

HEFT 1123
*Prof. Dr. med. Dr. phil. Leo Norpoth, Dr. Theo
Surmann u. a., Medizinische Abteilung des Elisabeth-
Krankenhauses Essen*
Bioptische, bio- und fermentchemische Magen-
untersuchungen.
In Vorbereitung

Ein Gesamtverzeichnis der Forschungsberichte, die folgende Gebiete umfassen, kann vom Verlag angefordert werden:
Azetylen / Schweißtechnik - Arbeitswissenschaft - Bau / Steine / Erden - Bergbau - Biologie - Chemie - Eisenverarbeitende Industrie - Elektrotechnik / Optik - Fahrzeugbau / Gasmotoren - Farbe / Papier / Photographie - Fertigung - Funktechnik / Astronomie - Gaswirtschaft - Hüttenwesen / Werkstoffkunde - Kunststoffe - Luftfahrt / Flugwissenschaften - Maschinenbau - Medizin / Pharmakologie / NE-Metalle - Physik - Schall / Ultraschall - Schiffahrt - Textiltechnik / Faserforschung / Wäschereiforschung - Turbinen - Verkehr - Wirtschaftswissenschaft.

WESTDEUTSCHER VERLAG · KÖLN UND OPLADEN
567 Opladen/Rhld. Ophovener Straße 1-3

GPSR Compliance
The European Union's (EU) General Product Safety Regulation (GPSR) is a set
of rules that requires consumer products to be safe and our obligations to
ensure this.

If you have any concerns about our products, you can contact us on

ProductSafety@springernature.com

In case Publisher is established outside the EU, the EU authorized
representative is:

Springer Nature Customer Service Center GmbH
Europaplatz 3
69115 Heidelberg, Germany

www.ingramcontent.com/pod-product-compliance
Lightning Source LLC
LaVergne TN
LVHW080443200726
843507LV00004B/917